Bibliografische Information der Deutschen Nationalbibliothek:

Die Deutsche Bibliothek verzeichnet diese Publikation in der Deutschen Nationalbibliografie; detaillierte bibliografische Daten sind im Internet über http://dnb.d-nb.de/ abrufbar.

Impressum:

Druck und Bindung: Books on Demand GmbH, Norderstedt Germany
ISBN: 9783668398771

Dieses Buch bei GRIN:

http://www.grin.com/de/e-book/353771/wolkenbildung-und-niederschlag

Carolin Buck

Wolkenbildung und Niederschlag

GRIN Verlag

Universität Augsburg – Institut für Geographie

Proseminar zur Grundvorlesung Physische Geographie 1

Hausarbeit:

Wolkenbildung und Niederschlag

Carolin Buck

Umweltethik (Master of Arts)

Katholisch-Theologische Fakultät

Modul GEO-5126 - Wintersemester 15/16

15.12.2015

Inhaltsverzeichnis

Abbildungsverzeichnis

Tabellenverzeichnis

1. Einleitung

Egal ob man sich auf der Zuspitze, im Flugzeug, im Tannheimer Tal oder in der Innenstadt befindet: von überall aus kann man Wolken sehen und beobachten. Viele Menschen haben sich schon als Kind über Wolken gefreut und dafür sogar ein kreatives Ratespiel erfunden. Ein guter Bergsteiger hat immer den Himmel im Blick und kann die Wetterlage anhand der Wolken und deren horizontalen und vertikalen Bewegungen genauer einschätzen, wenn nicht sogar vorher bestimmen. Und ein Beobachter wird schnell feststellen, dass Wolken konstanten Veränderungen unterworfen sind, welche sich sogar schon über einen kurzen Zeitraum hinweg zeigen. Diese Veränderungen verursachen ein *„geordnetes Chaos am Himmel“* (Podbregar et al. 2004, S. 9), denn die Entstehung und Bewegungen von Wolken mögen wie ein heilloses Durcheinander wirken, dennoch sind sie niemals willkürlich, sondern folgen den Gesetzten der Natur. Somit ist eine Wolke keine passiv in der Strömung gleitende Himmelserscheinung, sondern ein Zusammenschluss aus einer Vielzahl sich beeinflussender Prozesse.

In der vorliegenden Arbeit wird das Konstrukt Wolke genau definiert und dessen Wichtigkeit und Relevanz für die atmosphärischen Prozesse hervorgehoben. Danach wird die Entstehung einer Wolke in einzelnen Schritten erläutert, um im Anschluss die Klassifizierung nach verschiedenen Urhebern und mögliche Wolkenunterscheidungen darzulegen. Im zweiten Teil dieser Arbeit werden die verschiedenen Niederschlagsbildenden Prozesse sowie die einzelnen Niederschlagsarten und deren Unterscheidungsmerkmale dargestellt. Es folgt die Definition für eine Wolke und deren Wichtigkeit für die Klimatologie.

2. Wolkenbildung

2.1. Definition einer Wolke

Im Duden, dem Rechtschreibwörterbuch der deutschen Sprache, gibt es vier verschiedene Bedeutungen für das Wort Wolke. Als erste Bedeutung heißt es, eine Wolke sei eine *„sichtbar in der Erdatmosphäre schwebende Ansammlung [bzw.] Verdichtung von Wassertröpfchen oder Eiskristallen (von verschiedenartiger Form und Farbe)“*. Als zweite Bedeutung folgt, eine Wolke sei eine *„Menge von etwas, was – einer Wolke ähnlich – in der Luft schwebt, sich quellend [oder] wirbelnd ... in der Luft oder in einer flüssigen Substanz ausbreitet [sic!]“*. Weiter ist zu lesen, dass sich die Etymologie des Wortes „Wolke“ aus dem gleichen mittelhochdeutschen Wort *wolke* sowie aus dem

Althochdeutschen *wolka* herleiten lässt, welches eigentlich *„die Feuchte (d.h. „die Regenhaltige")"* bedeutet (Duden 2015). Zusammenfassend lässt sich daraus schlussfolgern, dass eine Wolke nichts anderes ist als die Visualisierung *„der Kondensation und Deposition von Wasserdampf in der Atmosphäre"*. So definieren es Lauer und Bendix (2006) in ihrem gemeinsamen Werk zum Thema Klimatologie. Weiterführend lässt sich außerdem definieren, dass eine Wolke ein sogenannter Hydrometeor ist. Dies bedeutet, dass sie aus einer Ansammlung von winzigen flüssigen oder gefrorenen Wasserteilchen oder beidem besteht. Diese aggregatsverschiedenen Wasserteilchen schweben aufgrund ihrer geringen Größe und der daraus resultierenden geringen Fallgeschwindigkeit meistens in der Luft. Die erläuterte Ansammlung entwickelt sich bei kleinen, teils unterkühlten Wassertröpfchen zu einer Wasserwolke, bei Eiskristallen zu einer Eiswolke oder bei einer Mischform zu einer Mischwolke. Neben den erwähnten kleinen Wasser- oder Eisteilchen können aber auch noch größere Teilchen in einer Wolke vorhanden sein, oder winzige Bestandteile aus dem Aerosol, wie zum Beispiel Rauch-, Staub- oder Abgaspartikel (Deutscher Wetterdienst 1990).

2.2. *Relevanz für die Klimatologie*

Bei der Kondensation von Wasserdampf, welche der wichtigste Prozess in der Wolkenentstehung ist, wird sogenannte latente Wärme frei. Aufgrund dieser freigesetzten Wärme zählen Wolken zu den Energielieferanten der Troposphäre und sind von zentraler Wichtigkeit für den Wärmehaushalt des Klimasystems. Zusätzlich sind sie Grundvoraussetzung für Niederschlag. Außerdem ermöglichen sie durch ihre Beobachtung eine Einschätzung der jeweiligen Wetterlage und eine Vorhersage für die künftige Wetterentwicklung, wie zum Beispiel Regen, Gewitter oder Föhn (Lauer, Bendix 2006).

Des Weiteren lässt sich anhand der verschiedenen Wolkentypen die Stabilität der Atmosphärenschichten, in denen die einzelnen Wolken vorkommen, bestimmen sowie die Richtung der Luftströme durch Beobachtung herausfinden. Wolken fungieren auch als Bindeglied zwischen der Erdoberfläche und der Atmosphäre bei den Transportvorgängen von Wasser. Durch die Verdunstung von Wasser an der Erdoberfläche und die Aufnahme durch Kondensation in der Atmosphäre, sowie der Abgabe durch Niederschlag ist ein Kreislauf gegeben, welcher das Wasser auf allen Ebenen der Atmosphäre zirkulieren lässt. Abschließend gilt noch zu erwähnen, dass durch die Bewölkung der Strahlungshaushalt der Erde beeinflusst wird, zum Beispiel aufgrund der Reflektion der solaren oder terrestrischen Strahlung (Podbregar et al. 2003)

2.3. Entstehung einer Wolke

Aus *Hirts Stichwörterbücher* sei zitiert:

> *„Wird feuchte Luft gehoben und kühlt sie sich dabei unter den Taupunkt ab, so bilden sich an vorhandenen Kondensationskeimen Wassertröpfchen [und] es entsteht eine Wolke.“* (Emeis 2000, S. 21).

Damit werden alle wichtigen Komponenten, die an der Wolkenbildung beteiligt sind, genannt. Nun gilt es, diese im Einzelnen zu erläutern.

Voraussetzung für die Bildung von Wolken ist ausreichend feuchte Luft, was bedeutet, dass die Luft mit Wasserdampf durchsetzt ist. Je nach Höhe und Temperatur ergibt sich für die Luft ein bestimmter Sättigungswert, bis zu dem sie Wasserdampf aufnehmen kann. Für diese Tatsache ist die spezifische Feuchte (wie viel Gramm Wasserdampf pro einem Kilogramm Luft enthalten ist) ganz entscheidend (Scherhag, Lauer 1985).

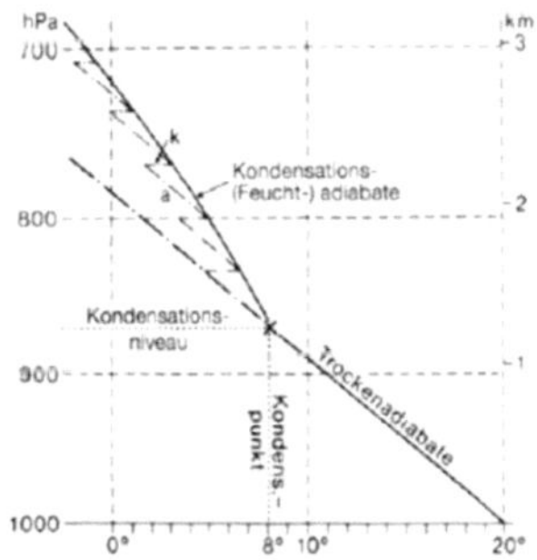

Abb. 1: Taupunkt mit trocken- und feucht-adiabatischer Abkühlung;
Quelle: Weischet, Endlicher 2012, S. 189

Die Hebung der feuchten Luft erfolgt durch das Prinzip der vertikalen Konvektion. Aufgrund des erhöhten Gasdrucks im Inneren eines durch zum Beispiel Sonneneinstrahlung erwärmten Luftpaketes verringert sich seine Dichte und es steigt auf (Weischet, Endlicher 2012).

Durch das Aufsteigen des Luftpaketes kommt es zur sogenannten adiabatischen Abkühlung. Die Veränderung des Außendrucks hat Einfluss auf die Teilchenbewegung im Inneren des gehobenen feuchten Luftpaketes und führt zu einer Verlangsamung und somit zu einer Abkühlung, jedoch ohne Phasenzustandsänderung des Wassers und ohne Energieabgabe nach außen (Weischet, Endlicher 2012). Die adiabatische Abkühlung geschieht solange, bis der sogenannte Taupunkt erreicht ist. Dieser ist der Moment, indem das Kondensationsniveau und der Kondensationspunkt erreicht werden und die relative Feuchtigkeit (das Verhältnis zwischen vorhandener und maximal möglicher Menge an Wasserdampf) bei mindestens 100% liegt (Scherhag, Lauer 1985). Bis zum Taupunkt kühlt sich das Luftpaket trockenadiabatisch ab. Darüber hinaus beginnt die Taubildung bzw. Kondensation, sofern ausreichend Kondensationskeime vorhanden sind. Ist dies nicht der Fall, kann die Wasserdampfsättigung mehrere hundert Prozent erreichen, ohne dass Tröpfchen gebildet werden (Emeis 2000). Ab dem Taupunkt erfolgt die feuchtadiabatische Abkühlung, bis die Sättigungsgrenze der Luft im Luftpaket unterschritten wird. Abbildung 1 verdeutlicht diesen Zusammenhang grafisch, wobei die durchgezogene Linie nach dem ersten Taupunkt eine grafische Annäherung an die tatsächlich in der Natur stattfindenden feucht- und trockenadiabatischen Vorgänge darstellt (Weischet, Endlicher 2012).

Wie oben schon erwähnt wurde, kann es bei einer relativen Feuchtigkeit von mindestens 100% nur dann zur Kondensation des Wasserdampfes und somit zu einer Abgabe des überschüssigen Wasserdampfes an die Umgebung kommen, wenn genügend Kondensationskeime im Luftpaket zur Verfügung stehen. Diese auch Wolkenkerne oder, wenn sie schon etwas größer sind, Kondensationskerne genannten Partikel sind meistens hygroskopische (also wasseranziehende) Salzkristalle oder Staubteilchen und sind Bestandteile des Aerosols. Sie wurden durch die turbulente Zirkulation von der Erdoberfläche in die Troposphäre geschleudert. Durch ihre Größe erleichtern sie das Tropfenwachstum, weil sie schon einen gewissen Anfangsradius für den Tropfen mitbringen (Lauer, Bendix 2006 und Kuttler 2013). Dies ist wichtig, denn je kleiner der Partikelradius ist, desto größer ist auch die notwendige Übersättigung, damit noch Kondensation und somit Tröpfchenbildung bzw. -wachstum stattfinden kann. Der dargestellte Sachverhalt ergibt sich aus der Gleichung von Lord Kelvin, in der es um die starke Oberflächenkrümmung an kleinsten Kondensationsprodukten geht, wodurch der Dampfdruck erhöht wird. In der vorliegenden Arbeit wird jedoch weder hierauf noch auf den Lösungseffekt nach dem Raoultschen Gesetzt, im Zusammenhang mit Salzkristallen, eingegangen (vgl. hierzu: Lauer, Bendix 2006).

Der erläuterte Sachverhalt der Kondensation stellt den Übergang von Wasserdampf zu flüssigen Wassertropfen dar, es entsteht eine Wasserwolke. Befindet sich ein Luftpaket in einer atmosphärischen Schicht mit Eiskeimen, so kommt es zur Deposition von Wasserdampf direkt zu Eiskristallen, es kann eine Mischwolke oder eine Eiswolke entstehen, je nachdem, in welchem Wolkenstockwerk sich das Luftpaket befindet.

2.4. Unterscheidung und Klassifizierung von Wolken

Die allererste Unterscheidung von Wolken mit lateinischen Bezeichnungen der einzelnen Arten erfolgte durch den Engländer Luke Howard, der seine Klassifizierung im Jahr 1803 veröffentlichte. Seine Idee, die Wolken nach ihrem Erscheinungsbild in vier Gruppen einzuteilen, resultierte in der folgenden Zuordnung: Cirrus- (Haarlocke oder Faser), Cumulus- (Haufen), Stratus- (Schicht) und Nimbuswolken (Schleier oder Regen) (Kuttler 2013).

Tabelle 1: Wolkenstockwerke mit Höhe, Temperatur und Wolkenart.
Quelle: eigene Darstellung in Anlehnung an Lauer, Bendix 2006 und Hofman et al. 2006.

<table>
<tr><th>Wolkenstockwerk/ -familie</th><th>Höhe</th><th>Temperatur</th><th>Wolkenart</th><td rowspan="3">Wolken mit großer vertikaler Erstreckung</td></tr>
<tr><td>Hohes (Cirrus)</td><td>5 – 13 km</td><td>-20° bis ca. -40°</td><td>reine Eiswolken</td></tr>
<tr><td>Mittleres (Alto-)</td><td>2 – 7 km</td><td>-12° bis ca. -20°C</td><td>Mischwolken</td></tr>
<tr><td>Tiefes</td><td>0 – 2 km</td><td>0° bis -12°C</td><td>Wasserwolken, überwiegend unterkühlte Wassertropfen</td><td>Cumulo-nimbus, Nimbo-stratus</td></tr>
</table>

Hieraus wurde von der WMO (World Meteorological Organization) die heute international gültige Klassifizierung in Wolkenstockwerke abgeleitet, welche sich an der Höhenlage und der vertikalen Erstreckung der Wolken orientiert und wiederum detaillierter in weitere Untergruppen unterteilt werden kann (Lauer, Bendix 2006). Diese Wolkenstockwerke resp. -familien werden in Tabelle 1 mit der dazugehörigen Höhe, der Temperatur und der Wolkenart mit ihrer physikalischen Zusammensetzung aufgezählt. Je nach Breitengrad und Klimaregion ergeben sich verschiedene Höhen für die einzelnen Wolkenstockwerke, weswegen sich die Wolkengattungen, welche sich in den unterschiedlichen Wolkenstockwerken beobachten lassen, zum Beispiel in den Mittelbreiten von denen in den Tropen unterscheiden, obwohl sie im gleichen Wolkenstockwerk zu finden sind. Dennoch ist zum Beispiel das hohe Wolkenstockwerk in den Mittelbreiten auf einer Höhe zwischen fünf und 13 km zu finden, wohingegen es in den Tropen erst bei ungefähr sechs Kilometern beginnt und sich bis zu 18 km hoch ausdehnt (Lauer, Bendix 2006). Die Tatsache, dass sich in den Wasserwolken des tiefen Wolkenstockwerkes überwiegend stark unterkühlte Wassertropfen befinden, die jedoch nicht gefroren sind, lässt sich damit begründen, dass es nur dann zu einem Gefrieren des Wasser kommt, wenn passende Eiskeime vorhanden sind. Chemisch reines Wasser gefriert von selbst aber erst bei -40°C. In den Wasserwolken befinden sich nur Wolkenkeime, weswegen es hier nur zu unterkühlten Wassertröpfchen und nicht zu Eiskristallen kommt (Kuttler 2013).

Eine weitere Unterscheidung der Wolken erfolgt anhand ihrer Genese. Neben der oben genannten vertikalen Konvektion gibt es noch weitere Ursachen für das Aufsteigen und Abkühlen von Luftpaketen, woraus dann verschiedene Wolkenarten entstehen. Hierbei entstehen zum einen durch die vertikale Konvektion Schönwetterwolken, welche häufig Cumuluswolken sind. Ein weiterer Grund für das Aufsteigen entsteht aus einem Hindernis, wodurch es zum sogenannten orographischen Aufsteigen kommt und Föhnwolken entstehen. Wenn warme Luft auf kalte aufgleitet, bilden sich anfänglich Cirrus-, dann Cirrostratus- und Stratuswolken. Schlussendlich kann es auch ein Aufheben von warmer Luft durch kalte geben, wodurch aufgetürmte Haufenwolken geformt werden, die meistens auch noch Schauer und/oder Gewitter mit sich bringen (Hofmann et al. 2006).

Die oben schon erwähnte Klassifizierung der WMO ist die vollständigste Unterscheidung und Einteilung der zu beobachtenden Wolken. Sie unterteilt sich in zehn Wolkengattungen, 14 Wolkenarten, neun Wolkenunterarten sowie neun Begleitwolken und Sonderformen. Tabelle 2 gibt eine Übersicht über die Wolkenklassifikation und stellt die zehn Wolkengattungen mit der dazugehörigen Familie, der internationalen Kennzeichnung und den markantesten Merkmalen dar (Seite 6 und 7).

Tabelle 2: Wolkenklassifikation (nach WMO 1990); Quelle: Kuttler 2013, S. 110; abgewandelt.

Wolkenfamilie	**Wolkengattung**	**Kenn-zeich-nung**	**Merkmale**
Hohe Wolken	*Cirrus*-, Federwolke	Ci	Hellweiß; faserige, fadenartige Struktur
	Cirrocumulus-, Schäfchenwolke	Cc	Weiß; flocken-/bändchenartige Struktur; oft in Gruppen oder Reihen
	Cirrostratus-, Schleierwolke	Cs	Weißlich; glatter/faseriger/durchscheinender Wolkenschleier; oft mit Halo-Erscheinung (farbiger Ring um Sonne/Mond)
Mittlere Wolken	*Altocumulus*-, mittelhohe Haufenwolke/grobe Schäfchenwolke	Ac	Weiße bis graue Wolkenballen; können zusammen gewaschen sein
	Altostratus-, mittelhohe Schichtwolke	As	Hellgrau bis bläulich; gleichmäßige Wolkenschicht; gelegentlich Niederschlagsausfall ohne Bodenkontakt

Tiefe Wolken	*Stratocumulus*-, Haufen-, Schichtwolke	Sc	Grau mit weißlichen Flecken; manchmal aufgerissen, besteht aus flachen Schollen/Ballen
	Stratus-, tiefe Schichtwolke	St	Grau; gleichförmige Wolkenschicht
	Cumulus-, Haufen-/ Quellwolke	Cu	Graue bis graublaue, flache Unterseite; Flanken/Oberseite strahlend weiß; blumenkohlartige Auswölbung; beim Aufquellen scharfe Ränder; Schönwetterwolke
Wolken mit vertikalem Aufbau	*Cumulus*-, Haufen- oder Quellwolke	Cu	Cumulus congestus (Cu con = mächtig aufquellende Haufenwolke) oft Vorstufe von Cumulonibus (Cb); leichte Schauer möglich
	Cumulonimbus-, Schauer-/ Gewitterwolke	Cb	Schwarzgrau; mächtige, über alle 3 Stockwerke aufquellende Wolkenmassen; oben manchmal Form cines Ambosses/Schirms
	Nimbostratus-, regnende Schichtwolke	Ns	Graue bis dunkelgraue, gleichmäßige, dichte Wolkenschicht; erstreckt sich über alle 3 Stockwerke

3. Niederschlag

Nachdem im ersten Teil dieser Arbeit die einzelnen Vorgänge, die zur Entstehung von Wolken führen, detailliert erläutert wurden, widmet sich der zweite Teil dem Niederschlag. Als Niederschlag, so ist es um Duden definiert, bezeichnet man Wasser, das in flüssiger oder fester Form aus der Atmosphäre auf die Erde fällt [und welches man messen und beobachten kann] (Duden 2015). Zur Entstehung des Niederschlags gibt es zwei zugrunde liegende Prozesse, die in diesem Teil der Arbeit genauer betrachtet werden. Danach werden die verschiedenen Niederschlagsarten anhand unterschiedlicher Kriterien voneinander abgegrenzt und klassifiziert. Im Folgenden werden die beiden wichtigen niederschlagbildenden Prozesse erklärt.

3.1. Niederschlagbildende Prozesse

Es gibt zwei verschiedene Vorgänge, die zu hauptsächlich zu Niederschlag führen. Dabei unterscheidet man den Ort der Entstehung, nämlich entweder die Eiswolken, die Wasserwolken oder die Mischwolken. In Wasserwolken findet der Bowen-Ludlam-Prozess statt, in Misch- und Eiswolken der Bergeron-Findeisen-Prozess.

3.1.1. Bowen-Ludlam-Prozess

Nach Erreichen des Taupunktes kommt es in einem übersättigten Luftpaket mit ausreichend vorhandenen Kondensationskeimen zur Kondensation und Ausscheidung von Wasser. Wachsen nun die entstandenen Wolkenteilchen in einer Wasserwolke immer weiter an, so überwinden sie die Schwerkraft und den aerodynamischen Reibungswiderstand der Luft, der in der Wolke herrscht und sie fallen aus (Lauer, Bendix 2006). Diese Massezunahme der Tröpfchen vollzieht sich durch den sogenannten Bowen-Ludlam-Prozess, erkannt von dem amerikanischen Chemiker und Physiker Langmuir. Vorbedingung für diesen Prozess sind Wolken mit großer vertikaler Erstreckung und verschiedengroße Tropfen mit unterschiedlichen Fallgeschwindigkeiten. (Emeis 2000). Die Vergrößerung eines Tropfens geschieht mithilfe der Koagulation: hat ein Tropfen mit größerem Volumen aufgrund des erhöhten Gewichtes eine größere Fallgeschwindigkeit als andere kleinere Tröpfchen in der Wolke, kollidiert er auf seinem Weg nach unten mit anderen Wassertröpfchen und fließt mit ihm zusammen. Dieses Zusammenfließen wird Koaleszenz genannt. In Wolken mit turbulenten Aufwinden müssen Tropfen größer und schwerer sein und die Wolken mächtiger, damit die Möglichkeit für ein Absinken gegen den Auftrieb besteht. Aus diesem Grund sind die Tropfen aus einer Cumulonimbuswolke am größten (Kuttler 2013). Ebenso gibt es deshalb in den Tropen eher Platzregen und in unseren Mittelbreiten häufiger Nieselregen, da bei uns die Wasserwolken auf das untere Wolkenstockwerk begrenzt sind und den Tropfen nur eine begrenzte Fallstrecke für die Koagulation zur Verfügung steht (Podbregar et al. 2006). Durch die turbulenten Aufwinde werden die Regentropfen allerdings auch häufiger hochgeschleudert, solange sie noch nicht schwer genug sind, und zerplatzen wieder. Daraufhin beginnt die Kettenreaktion erneut von vorne, ein größerer Tropfen kollidiert und fließt mit anderen zusammen. Diese Reaktion wird auch Langmuir-Kettenreaktion genannt.

3.1.2. Bergeron-Findeisen-Prozess

In Wolken aus Eiskristallen und Wassertröpfchen, also Mischwolken, findet der sogenannte Bergeron-Findeisen-Prozess statt (benannt nach T. Bergeron und W. Findeisen). Grundlage hierfür ist die Tatsache, dass *„der Sättigungsdampfdruck über Eiskristallen niedriger ist als über Wassertröpfchen mit gleicher Temperatur“* (Emeis 2000, S. 24). In Mischwolken bestehende Eisteilchen oder von höheren Eiswolken herabfallende Eiskristalle können den verfügbaren Wasserdampf in der Wolke besser anlagern und wachsen somit auf Kosten der Wassertropfen. Aufgrund dieses Depositionswachstums entstehen neue Eiskristalle. Ein weiterer eiskristallbildender Prozess geschieht parallel durch das Anfrieren von Wassertröpfchen an Kristallisationskeimen. Da die Tendenz allerdings zum Depositionswachstum hin geht (aufgrund des oben beschriebenen niedrigeren Sättigungsdampfdrucks), ist die Entstehung von Eiskristallen durch Koagulation eher zweitranging in einer Mischwolke.

Ob der entstandene Niederschlag in fester oder flüssiger Form oder überhaupt auf der Erdoberfläche ankommt, hängt von den Temperaturschichten in der Atmosphäre auf dem Weg zum Boden ab (Lauer, Bendix 2006).

3.2. *Unterscheidung der Niederschlagsarten*

Nachdem die niederschlagsbildenden Prozesse erläutert wurden, werden nun die einzelnen Unterscheidungsmöglichkeiten für Niederschläge aufgezählt und kurz erklärt.

Zuerst einmal lassen sich Niederschläge anhand ihrer Aggregatzustände in feste (Hagel, Graupel und Schnee) und flüssige (Regen) unterteilen. Genauso kann man die Unterscheidung nach dem Ort der Entstehung ansetzen. Hier gibt es fallende (Regen, Schnee) oder abgesetzte (Tau, Reif) Niederschläge. Des Weiteren lässt sich eine Einteilung nach der Andauer, Intensität und Ergiebigkeit vornehmen. Als Beispiel seien hier der Stark- bzw. Platzregen und der (Land-) Regen als wohl bekannteste Niederschlagsform genannt. Schließlich kann man als Unterscheidungsmerkmal noch den

Ort der Entstehung heranziehen. Hierbei unterscheidet man, ob der Niederschlag zyklonal entstanden ist (zum Beispiel in Wolken an einer Warmfront), konvektiv (zum Beispiel in Gewittern) oder orographisch (also durch ein Hindernis entstanden, wie zum Beispiel der Steigungsregen) (Lauer, Bendix 2006).

4. Regionaler Bezug: Begegnungsland Lech-Wertach

Die Region südlich von Augsburg und die sogenannten Stauden sind bekannt für ihre Flüsse und Wälder. Allerdings verhelfen Lech, Wertach und Singold auch zu einem unerschöpflichen Feuchtigkeitsreservoir, aus dem sich Wolken und Nebel ernähren können. Im Begegnungsland Lech-Wertach und, großräumiger gefasst, im Donautal, herrschen im Herbst, Winter und Frühjahr zeitweise Dauernebel. Dies geschieht, da die kalte Luft am Boden bleibt und ohne Luftströmung nicht weiter transportiert wird und sie weniger Feuchtigkeit aufnehmen kann als warme Luft. Aufgrund fehlender oder später Sonneneinstrahlung an vielen Stellen in der Region wird aus der kalten Luft in Bodennähe häufig Nebel, welcher vom Boden her aufsteigt und somit eine Wolke mit Bodenkontakt bildet. Durch die örtlich ungleichmäßige Abkühlung der Erdoberfläche über Nacht und die unterschiedlich starke Sonneneinstrahlung bei Tag ergeben sich lokale Schwankungen in der Dichte, Dicke und Häufigkeit des Nebels und der starken Bewölkung. Normalerweise löst sich Nebel oder eine Wolkendecke im Laufe des Tages auf. In der Region um Augsburg herum bleibt der Nebel jedoch häufiger hartnäckig und über mehrere Tage in den Tälern, was zu einem Alltagsbild mit vielen Grautönen führt.

Literaturverzeichnis

Emeis, S. (2000): Hirts Stichwörterbücher – Meteorologie in Stichworten. Borntraeger, Berlin, S. 21 – 29.

Hofmann, G. et al. (2006): Alpin-Lehrplan 6 – Wetter und Orientierung. BLV Buchverlag, München, S. 16 – 27.

Kuttler, W. (2013): Grundriss Allgemeine Geographie – Klimatologie. Schöningh, Padderborn, 2. Auflage, S. 106 – 117.

Lauer, W., Bendix, J. (2006): Das geographische Seminar – Klimatologie. Westermann, Braunschweig, S. 122 – 150.

Podbregar, N. et al. (2003): Wetter, Klima, Klimawandel – Wissen für eine Welt im Umbruch. Springer, Berlin, 1. Auflage, S. 119 – 151.

Weischet, W., Endlicher, W. (2012): Einführung in die allgemeine Klimatologie. Borntraeger, Stuttgart, 8. Auflage, Kap. 4, S. 204 – 236.

World Meteorological Organization (1990): Internationaler Wolkenatlas. Selbstverlag des Deutschen Wetterdienstes, Offenbach am Main. S. 3; 59.

Internetquellen

Duden – die deutsche Rechtschreibung: www.duden.de (Stand: 14.12.2015)